JCA 研究ブックレット No.34

「農村発イノベーション」を現場から読み解く

図司 直也◇著

Ⅰ　はじめに——農村政策に登場した「農村発イノベーション」

1　2020年基本計画の組み立てと「農村発イノベーション」登場の背景

皆さんは、「農村発イノベーション」という言葉を耳にしたことがありますか。この言葉は、食料・農業・農村に関して、政府が中長期的に取り組むべき方針を概ね5年ごとに定める「食料・農業・農村基本計画」において、2020年の改定を機に、新たに農村政策に関連して登場しました。

新しい基本計画では、農村政策として次のような方向を打ち出しました。「農村を維持し、次の世代に継承していくために、所得と雇用機会の確保（しごと）や、農村に住み続けるための条件整備（くらし）、農村における新たな活力の創出（活力）といった視点から、幅広い関係者と連携（仕組み）した「地域政策の総合化」による施策を講じ、農村の持続性を高め、農業・農村の有する多面的機能を適切かつ十分に発揮していくことも必要である」（括弧内は筆者が加筆）。つまり、「しごとづくり」「くらしづくり」「活力づくり」という「三つの柱」によって体系化を図り、それを継続的に進めるために、農林水産省が中心となり、関係府省で連携した「仕組みづくり」を掲げ、継続的な実効性を担保しようとしています。

このうち「しごとづくり」の柱において、農泊やジビエの利活用、農福連携の推進といった従来の事業に加えて、「農村発イノベーション」が登場しています。ここで言う「農村発イノベーション」は、地域資源の発掘・

磨き上げと他分野との組み合わせを通じて高付加価値化を進める取り組みを指し、国が様々な現場の創意工夫を後押しする姿勢を示しました。

基本計画策定後には、「新しい農村政策の在り方に関する検討会」における2年近くの議論を経て、2022年4月には最終取りまとめとして「地方への人の流れを加速化させ持続的低密度社会を実現するための新しい農村政策の構築」を公表しています。

その中では、「しごとづくり」の項目において「農山漁村発イノベーション」として掲げられました。「6次産業化の取組をこれまで以上に加速化するとともに、その考え方を拡張」する実践として改めて位置付けられ、多様な農山漁村の地域資源と、多様な事業分野、そして多様な主体を組み合わせて新しい事業を創出し、「農業以外の所得と合わせて一定の所得を確保できる」ことが目指されています。本書では、「農村発イノベーション」の表記を使うときも、農山漁村全体への視点を含めることにします。

2　「農村発イノベーション」の意味するところを考える

改めて、「農村発イノベーション」という言葉が投げかける意味合いを考えてみます。そもそも「イノベーション」という言葉は何を指しているのでしょうか。事典を参照すると、「本来の意味は新しい方法、仕組み、習慣などを導入することをいい、〈新機軸〉〈革新〉と訳される。……（中略）……この語が経済学上の用語として定着したのは、J・A・シュンペーターが経済発展の根本現象として企業家・革新を理論の基礎に据え、それが一般に認められたことによる。今日ではイノベーションは〈技術革新〉とほとんど同義に用いられる」とあります。さらに次のように解説は続きます。「しかし、シュンペーターは初め〈新結合〉という言葉を用い、生産要素〈資本財、労働、土地〉の結合の仕方、すなわち生産方法におけるいっさいの新機軸を表現し、これに新製品や新生産方式の導入のほか、新市場、資源の新供給源、新組織の開拓など、きわめて広範な事象を含ませた」(『世界大百科事典』より)。このような説明から、今回用いられる「イノベーション」には、シュンペーターが当初考えていた〈新結合〉による幅広い革新の意味合いが含まれていると言えそうです。

今回は、そこに「農山漁村発」という枕詞が付くことで、その足場が農山漁村にあり、しかも内発性を伴うことが意図されています。つまり「農山漁村イノベーション」＝「農山漁村から内発的に生み出される新機軸の動き」と表現できるでしょうか。

そう考えると、本JCA研究ブックレットのシリーズの中で着目してきた、2000年代後半あたりから顕在化した若者の農山村回帰の動きがまさにそれと重なり合うものと言えそうです。地域おこし協力隊をはじめとする地域サポート人材について、筆者も実態分析を進める中で、農村の地域住民と良好な関係性を築いている若者たちに、共通する活動プロセスを見出していました。彼らは、普段のお茶飲みや挨拶、声掛けのような「生活支援活動」をまず行い、その上で、集落の共同作業や行事などの「コミュニティ支援活動」といった日常の場に積極的に顔を出すことを通じて、地域住民との信頼関係づくりを大事にしていました。それが下地となって、住民との会話の中から自らの経験やネットワークを活かせる地域資源をじっくり探し出し、地域の中で新たな役割や仕事を起こそうと試みる「価値創造活動」へと展開させていくものでした（注1）。

これは若者たちを中心に農山村で新たに生み出されている「なりわいづくり」とも重なります。ここで言うなりわいは、生活の糧を得るための仕事、自己実現に向けたライフスタイル、そして地域資源の活用や課題解決への貢献といった地域とのつながりという3つの要素を足し合わせたものであり、「私利私益にとどまらない個人の動機と地域コミュニティとの相互作用の中で地域において共有し得る財やサービスを生み出し、それらを組み合わせて生活の糧を得ていく経済的な活動」と整理されています（注2）。

その象徴的な存在の例が、有機農業を志す近年の若者たちであり、筆者は彼らの動きを「なりわい就農」と表現しました。そこには「食べるものには、農薬や化学肥料を使わない方がいい」というシンプルな理由で有機農業を志し、里山資源の積極的な活用を考え、地元集落とも丁寧に関わり合いながら、仲間を広げていく姿勢が共通しています。彼らの中からは、「百姓仕事をしなければ山間地に来た意味がない。農業と林業と狩猟の3つの歯車をうまく回して里山を守っていきたい」という声が聞かれ、里山環境の持続性を追求しながら、時間をかけて地域の自治にも関わり、農村に根付こうとする前向きな姿を見出すことができます（注3）。

このように議論を積み重ね、改めて「農山漁村発」の意味するところを考えると、〈新機軸〉〈革新〉につなが

（注1）図司直也『地域サポート人材による農山村再生』筑波書房、2014年。
（注2）筒井一伸編『田園回帰がひらく新しい都市農山村関係――現場から理論まで』ナカニシヤ出版、2021年。
（注3）図司直也『就村からなりわい就農へ　田園回帰時代の新規就農アプローチ』筑波書房、2019年。

る個人発の「価値創造活動」のベースには、地域住民や地域資源との関わりを丁寧に構築していったプロセスが隠れていて、それが里山環境の持続性を追求するなど、足元の地域がより良くなることを求める姿勢にもつながっているように思われます。

農山村に向かう若者たちの動きを呼び起こした地域おこし協力隊の制度も、導入から10年を超えて、メディアからも、新たな価値を生み出す移住者の取り組みに注目した発信がよくなされます。「イノベーション」が体現する「新しさ」ゆえですが、先の「農山漁村発イノベーション」の含意からすれば、一面的な見方であるように感じます。やはり農山漁村の地域側にも視点を置いて、地域内外の主体相互の関わり合いを捉えておくことが大事になりそうです。

3　現場を読み解く3つの視点

そこで本ブックレットでは、農村政策として打ち出された「農山漁村発イノベーション」の本質をどのように捉えるべきか、現場の動きを見つめながら考えてみたいと思います。まずは、これまでの筆者の知見から、現場を捉える視点を3点挙げてみます。

ひとつ目の視点は、時間軸です。今日の農村は、少子高齢化が進み、人口減少の傾向が強まるばかりですが、その中から、若者たちの農山村回帰の動きを見出せる地域もあり、次世代に託す希望も生まれています。この動きを牽引する団塊ジュニアから下の世代は、いわば「逃げられない世代」として、日本全体での人口減少も受け止めざるを得ない境遇にありますが、先の「なりわいづくり」でも触れたように、ライフステージの変化に見合った暮らし方を選択しようと、自分の立ち位置から明るい未来を描こうとする姿勢がうかがえます。また、世代を超えて継承され、いわば「地域遺伝子」が詰まった知恵や技に価値を見出して、上の世代の人たちとも積極的に関わり、それを自分たちも受け継ごうとする姿勢も見られます。

筆者の研究仲間である山崎義人さんや佐久間康富さんらの研究チームは、住み継がれる集落のあり様を分析する中で、住み継がれる対象には、住まいや生業空間、地域の風景などがあり、例えば、「生業の時間」では世代の時間を超えた30年から100年程度の幅が想定されるように、それぞれに異なる時間軸を持っている、と整理しています。そして、「時限を区切って可能になった意思決定をバトンリレーのように積み重ね、住まいから生業、風景といった異なる時間軸を持つものが重層的に継承されていくことが住み継ぐということであり、その結果として、集落が住み継がれる」と述べています（注４）。

このような考え方は、次世代に向けて農村が持続することを展望しながら、そこから振り返って今なすべきことを考える発想であり、先の農山村回帰の若者たちの志向とも重なってきます。地球環境における「制約」を土台にしながらも、その上に構築できる新たな価値を創出し、豊かな暮らしの「未来像」を描き出すバックキャスト志向（注５）であり、農村発イノベーションの現場でどのような時間軸を描き共有しているのかが大きな要素と

（注４）山崎義人・佐久間康富編『住み継がれる集落をつくる』学芸出版社、２０１７年、２２７～２２９頁。
（注５）石田秀樹・古川柳蔵『正解のない難問を解決に導くバックキャスト思考』ワニ・プラス、２０１８年。

なりそうです。

２つ目の視点は、農村が持続するために必要となる条件への向き合い方です。筆者は、農村のよりよい未来像を実現できるシナリオを「地方分散シナリオ」として提示し、そこに必要となる２つの条件を別稿で分析しました(注6)。

条件の１つ目は、「誰ひとり取り残されない社会の実現」というフレーズに象徴される〈ＳＤＧｓの理念の共有〉です。この理念が国民全体に共有されるか否かで、農業や農村の持続的な発展にも大きく影響してきます。仮にこの理念の共有がなければ、農村と都市それぞれの役割を尊重し合う姿勢もなく、社会的な投資の地方への呼び込みも進まず、地域間格差の是正も難しくなります。その点で、世代間の相互理解、分野間の接続、農村と都市の共生を図る補助線としてＳＤＧｓは大きな役割を担っています。

条件の２つ目は、〈社会インフラの革新〉です。特に、ＩＣＴやエネルギー、モビリティ分野において、Society ５・０に体現される技術革新が進めば、小規模での実装も可能になり、人口規模の大きな都

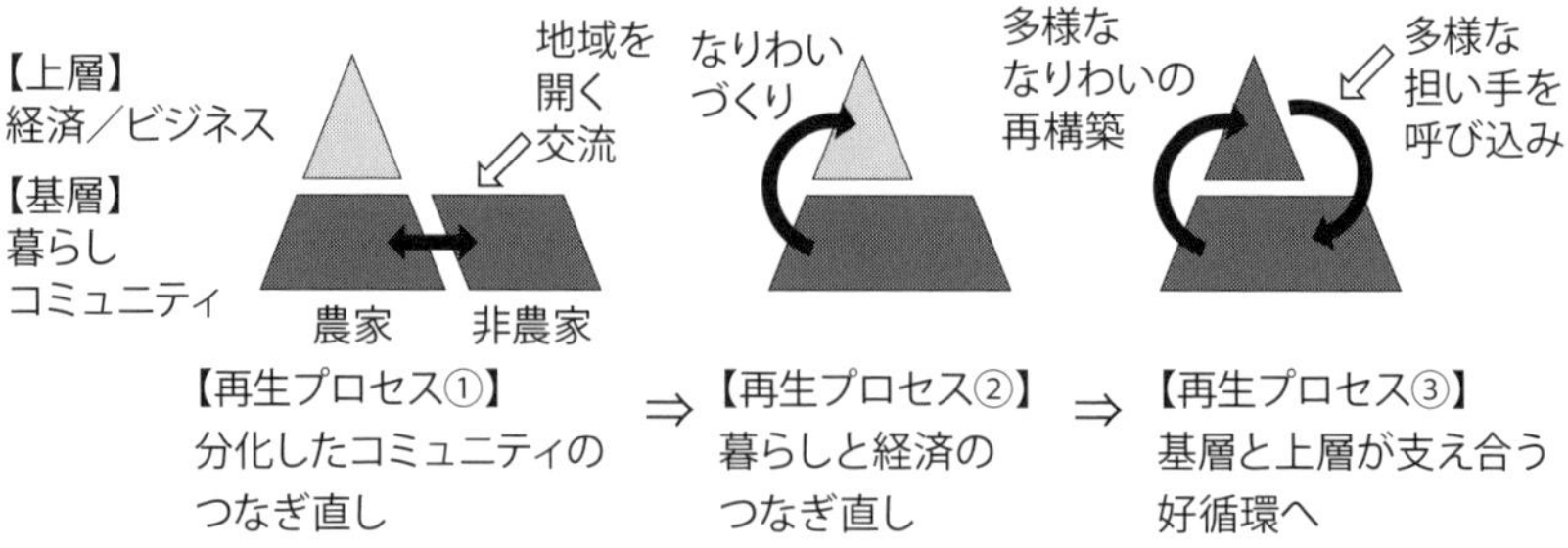

図１　農村社会の再生プロセス

資料：図司直也「新しい再生プロセスをつくる」小田切徳美編『新しい地域をつくる』岩波書店、2022年、159頁より再掲。

市部のみならず、人口規模の小さな農村コミュニティを単位に、その内部での資源活用や循環、またネットワーク構築を通して、暮らしを支えたり、なりわいに新たな価値を生み出すことも可能になります。

この2つの条件が、日本全体で実現されるとともに、農村に暮らす人たち自身も実現に向けて前向きに行動する姿勢が求められます。これが農村発イノベーションの現場で確認したい2つ目の視点です。

そして、3つ目の視点は、上記の2つの条件に向き合う具体的な道筋としての農村再生のプロセスです。筆者は、生源寺眞一氏が整理した日本の土地利用農業型農業における二階建ての構造（基層と上層）の枠組みを援用しながら、**図1**のように農村再生のプロセスを整理しました(注7)。

まず、基層にあたる地域社会では、住民の顔ぶれが個々人で多様化し、また農家と非農家とに分化して、コミュニティとしての一体性が弱まっていく中で、外部との交流などをきっかけに、住民間でもつながりが取り戻されていきます。その中で、外部人材がけん引役となって田園回帰の機運を取り込んだ新たななりわいづくりが生まれ、地域での暮らしと経済を一体のものとして結び直し、価値を生み出そうとする視線が生まれます。そこから、市場や経済にあたる上層部分が展開し、バランスよく積み上がると、そこに魅力を感じる新たな人材が惹き付けられていく好循環を生み出す、というストーリーです。それを先ほどの2つの条件と重ねれば、基層のコミュニティの再構築を通して〈SDGsの理念〉に当たる部分が地域住民の間で共有され、未来志向の前向きな機運が

（注6）図司直也「都市農村対流時代に向けた地方分散シナリオの展望」『農業経済研究』92（3）、2020年、253～261頁。
（注7）図司直也「新しい再生プロセスをつくる」『新しい地域をつくる』岩波書店、2022年、151～168頁。

生まれてはじめて、〈社会インフラ〉にあたる新技術の導入も具体的な選択肢に入ってくる流れが描けそうです。

それでは、近年、農村発イノベーションの息吹が感じ取れる現場として、今回は秋田県五城目町と千葉県いすみ市の2カ所に目を向けて、その動きを読み解いてみましょう。

Ⅱ　秋田県五城目町：移住者と地元住民の関わり合いから立ち上がる多彩な土着ベンチャー

1　秋田県五城目町の概況

秋田県では、「農村発イノベーション」に近い動きとして、2015年から地域資源を活かした起業・移住を支援する起業家育成プログラム「土着ベンチャー」、略して「ドチャベン」を展開し、これまでのべ2200人以上が参加し、50人ほどの移住・起業者が誕生しているといいます。県全体での取り組みに広がったきっかけを、県内の五城目町に見ることができます。

五城目町は、秋田市の北方に30㎞、車で約40分の距離にあり、干拓によりできた大潟村の東方に位置します。急峻な山岳地帯から肥沃な水田地帯まで変化に富んだ農業と林業が営まれる農山村地域ですが、町の中心部では、約525年の伝統を誇る露天朝市が、毎月、日付けの末尾に2・5・7・0のつく日に今も続いています。歴史的には、朝市とともに、製材、家具、建具、打刃物、醸造業や商店街が発達し、県の湖東部における商工業都市を形成しましたが、人口は、1965年の1万8862人をピークに減少傾向が続き、2020年国勢調査では8538人となり、高齢化率も47・3％で県内第3位の高さとなっています。

2　長年の都市農村交流が引き寄せた出会い

五城目町では、２０１２年に総合発展計画を策定し、雇用企業立地対策として、従来型の大企業・製造業の誘致だけでなく、様々な主体がチャレンジできるような、地域から内発的に新しい事業が生まれる環境づくりを目指すことにしました。その拠点として、廃校となった町内の小学校をレンタルオフィスに転用、整備することを決め、全国各地が地方創生に取り組む中で、新しさを打ち出す必要がありました。

そこで、町は、姉妹都市である東京都千代田区に目を向けました。実は、五城目町と千代田区の姉妹都市の関係は30年あまり続いています。東京に他出した五城目町出身者が「都会と故郷を繋ぎたい」と両者の間を取り持ったことをきっかけに、住民主体で小学校の児童交流や大人のスポーツ交流など多彩な活動が今日も継続しています。このような住民目線の発議から姉妹都市の締結に至ったケースを私は他に知りません。先の江戸時代から続く露店朝市とともに、五城目町が以前から外に開かれた地域であったことがうかがえます。

姉妹都市である東京都千代田区には、区の公共施設をリノベーションして２００４年に生まれた「ちよだプラットフォームスクウェア」という、日本におけるコワーキング・シェアオフィス文化の先駆けとして注目されている施設があります。そこにある自治体向けのサテライトオフィスを活用して、町は企業誘致の可能性を探ることにしました。

そして２０１３年秋、五城目町役場の職員と丑田俊輔さんが出会ったことで、大きく歯車が回り始めます。丑田俊輔さんは、当時、共創的な学びの場を生み出す教育ベンチャー・ハバタク株式会社を設立したところで、本社オフィスをこのプラットフォームスクウェアに構えていました。

丑田さん自身は、大学生の時にプラットフォームスクウェアの立ち上げに関わることになり、公共施設に民間の知恵を入れて、シェアオフィスやコワーキングの拠点を創出し、協業、創発のコミュニティづくりを進める先駆けの現場に身を置いていました。大学卒業後は、現在のＩＢＭに就職し、コンサルタントとしてグローバル戦略を担当し、グローバル資本主義の波を経験します。その折に、結婚し、第一子が生まれると、教育や学びの環境に関心を深めて、ＩＢＭを退職。海外の教育環境や施策を見て歩く旅に出て、その経験をもとに、２０１０年、ハバタク株式会社を設立。その翌年に東日本大震災に直面して、日本の足元から暮らしの環境づくりに関わる仕事を事業の一つの柱に考え始めていました。

五城目町では、廃校となった馬場目小学校をリノベーションして、五城目町地域活性化支援センター「BABAME BASE」が立ち上がろうとするタイミングで、丑田さんが初めて五城目を訪れます。その時の町の印象を丑田さんは、「いい意味で地味な田舎町。生活市の朝市や酒蔵があって、外からの変動があってもなくならない、日常の暮らしのすごみを感じた」といいます。丑田さんの妻の香澄さんが秋田出身だったこともあって、２０１４年、丑田さん一家が五城目町に移住。俊輔さんは、BABAME BASEにハバタクの拠点を構え、秋田、東京、海外を行き来しながら事業を展開し始めます。

3　よそ者の町への入口となったシェアビレッジ

五城目に移住した丑田俊輔さんは、「都会での仮説志向の発想を捨てて、まちの暮らしを楽しみながら農村に身を置いて考えてみよう」と、田んぼの手伝いや町内会のお祭りへの参加から始めました。そうすると、町の人が様子を見に来たりして、様々な出会いが増えました。そのひとつが、近所の町村（まちむら）集落にある築130年以上の茅葺きの古民家との出会いです。

家主がこの家を手放すことを聞いた俊輔さんは、時間をかけて丁寧に想いを伝えることで、若者チームに家を託してもらい、2015年に秋田の起業家仲間とともに「シェアビレッジ町村」を立ち上げます。そのねらいは、「所有者がひとりで家屋を維持するのが難しいのであれば、複数の人間が維持費を出し合う、いわばコミュニティで家を支える」ところにありました。古民家に集うコミュニティを村に見立てて、「年貢」を納めると村民になることができ、「里帰り」として泊まりに来る。近隣の都市部で「寄合」を開き、年に一度は「一揆」と称するお祭りに集う。こうして首都圏など遠隔地からの支援者が増え、立ち上げ4年で村民は2000人を超えます。シェアビレッジを入り口として、BABAME BASEでの起業の動きに関心を持った人も少なくないといいます。ただ、村民の規模が次第に大きくなると、お互いの顔が見えにくくなったり、新企画を打ち出し続ける運営にも限界が見えて、コロナ禍も影響して、現在はコミュニティの活動を停止し、見直しを進めているところです。

このように五城目町では、長年にわたって丁寧に続けてきた都市農村交流の蓄積が、丑田さん一家とのご縁を引き寄せ、新たに生まれたシェアビレッジが町に関わる入口のひとつとして役割を担ってきたことが分かります。次によそ者である移住者と地域住民との間にどのような関わり合いが生まれたのかを見てみましょう。

4　参加のハードルを下げる場づくりから

２０１３年秋、BABAME BASEは3社の入居からスタートしましたが、さらに起業に向けて挑戦する人を呼び込む必要がありました。そこで、町ではこのミッションを担う地域おこし協力隊を3名採用し、そこに丑田香澄さんも加わります。香澄さんたちは、まずはBABAME BASEという新スポットや協力隊の存在を知ってもらうべく、町内に向けて様々なアプローチを試みます。例えば、ファミリー層が子連れで参加できる「ａｓｏｂｉ基地 in 五城目」や、流しそうめんを楽しみながら町のことを意見交換する「明日の五城目を語ろう」など、施設紹介を兼ねながらも、参加のハードルを下げた多彩な場を用意していきます。

こうした動きを続けながら、BABAME BASEの入居者有志や協力隊の中での話し合いを重ね、活動のスローガンに、「世界一こどもが育つまち」を掲げます。イベントに集った人たちと接する中で、五城目は県内ワースト に入るほどの少子高齢化にあって、そこで無理に人口を増やそうとすれば、むしろ悲壮感すら漂ってしまう。それより、子どもや教育といったみんなが経験することを目標に掲げ、「小さな町から世界へと突き抜けていくほどの大きな視野で活動しよう」と方向性を共有します。

そこで協力隊の3人は、起業誘致を担うミッションには直結しそうにないことにも、時間を割いていきます。

そのひとつが「ごじょうめ朝市大学」です。イベントを通じて、やりたいことや想いを持っている人が町内には少なからずいることが分かり、そこから、みんなでゲストを呼んで学んだり、ワクワクするようなアイデアを出し合って挑戦してみたり、それを応援する場を「朝市大学」と称して集まる機会を設けていきました。例えば、子育て中のお母さんから出てきた「ママ友以外の出会いがないので、ちょっとビールを飲んで集まるイベントをしてみたい」というアイデアや、「ヨガをやりたいけど、子育て中に秋田市内まで出かけるのは難しい」という悩みに、みんなに声かけしよう、とか、ヨガイベントを仕立てたら先生が来てくれるのでは、などと協力隊がゆるやかに後押ししながら、まちの人たちと一緒に想いを叶えていく場に育っていきました。

5　まちを憂い、将来を想う仲間の発見が挑戦の支えに

その中で、刺激を受けた町民のひとりが佐沢由佳子さんです。佐沢さんは、町に寄り添うなんでも屋として、農業資材の販売から灯油の配達、ガソリンスタンドの運営まで幅広く扱う、朝市通りの商店に育ちました。その後、進学で他出するも、Uターンの気持ちはあって、秋田に戻り就職、結婚。出産後、実家の仕事を手伝うようになりました。

五城目町に戻ってみると、店先の朝市のにぎわいがなくなり、プロパンガス配達などを通して町民の暮らしの変化も気になっていました。その折に、日本創成会議が消滅可能性都市のリストを発表し、五城目町もそこに挙がったというニュースが報じられます。それを見て、地元で過疎・高齢化が進んでいることは分かっているもの

の、こうして言われっ放しなのが悔しかったし、それに反応しない周囲の様子も腹立たしく思っていた。その一方で、BABAME BASEの動きや協力隊で若い世代が着任するニュースにも注目していた、といいます。

そこで佐沢さんは、前述したBABAME BASEで行われる五城目の町の未来を話すイベントに保育園児の子どもを連れて参加します。グラウンドで流しそうめんを食べながら、集まった30人がスピーチする中で、こうすればいいよね、とフラットな関係でまちのことを話せる仲間に、佐沢さんはようやく出会います。そこから、田植えや稲刈り、山登り、川遊びなど、地元の子どもが体験できていないことや、自分たちが興味あることにも触れてみようと、部活に近い雰囲気で、「ごじょうめ朝市大学」の名前を付けて、一緒にやれる仲間で楽しいと思う活動を始めていきました。

その流れは朝市にも自ずと向いていきました。朝市でお店を出してみたい、という声に対して、役場から通常の朝市を行っていない日にチャレンジ出店してみては、と提案があり、２０１５年５〜11月の第１・３日曜日に臨時朝市の開催を試みます。そこで佐沢さんたちは、臨時朝市に参加する仲間を集め、「五城目朝市わくわく盛り上げ隊」を結成して、「５２０年目のレボリューション」と銘打ったチラシを作って宣伝します。当日は、30代、40代を中心に出店があり、若者たちをはじめ、ちょうどシェアビレッジの開村祭とも重なって県外からも来客があって盛り上がりました。

やってみると普段の朝市の方が季節感もあるし、そこに若い人が混じって一緒にやった方がより魅力的になるのでは、と盛り上げ隊のメンバーも、朝市の組合長らも同じ感想を抱いたことが分かってきました。そこで

2016年からは、日付の末尾に2・5・7・0がつく朝市開催日のうち、日曜日と重なる日を「ごじょうめ朝市plus＋」として、広く出店者を募る形で展開し始めます。出店者や来場者がSNSで様子を発信することで、そのまわりに人が集まってくる好循環となり、3～4年すると地元の人も出歩くようになってきた、といいます。出店の形も、「ダンス教室の発表会を朝市でやりたい」とか、「大学のサークルで出店したい」、美大生が「作品発表の場にしたい」といったように、朝市が各々の得意分野で集まってくる場所となり、五城目で何かやっているぞ、という雰囲気が生まれています。

佐沢さんも、「朝市はこれまで続いてきて、地元の習慣になっている。野菜や山菜、きのこなど、いつ朝市に出てくるか、みんなに旬が染み付いている。朝市が自然消滅してしまうなら仕方がないけど、強制的に止めさせたり、無理に小さくしなくていい。ぎゅっとした自分の居場所として、これからも続くでしょう」と話します。また、「五城目の風が変わった。毎週のように、外から来てくれた人と話せるようになった。町の人にも朝市でいろんな人と交わって欲しい」と、町の変化を語ってくれました。

6　地元住民も動き出した五城目のドチャベン

「ごじょうめ朝市大学」や「ごじょうめ朝市 plus＋」の取り組みを通して、協力隊として幅広く町民とも接してきた丑田香澄さんは、「五城目で育った人たちは、地元をマイナスに語られることに辟易していて、朝市大学だとみんなで「面白いね」と前に進むことができるので、私も挑戦してみようかなという気持ちになってくる。

マッチョな（たくましいタイプの）起業家を町に呼び寄せるだけではなくて、無理せず「マイプロジェクト」でつながる町民発の活動も生まれてきた」と話します。

このような動きを捉えて、町の人たちは、この挑戦を「土着ベンチャー＝〝ドチャベン〟」と呼び始め、五城目町はその集積地の色彩を帯びていきます。そして、２０１７年に協力隊ＯＢやBABAME BASEの起業家らが中心となり一般社団法人ドチャベンジャーズを設立し、行政組織では難しく、かつ個人レベルで担うには、荷が重い課題を、企業・個人がそれぞれ得意とする分野で解決の糸口を見つけることを目指していきます。

BABAME BASEには、地元に根差したメディア発信やデザインを担う秋田市内の企業が出先を構えたり、地元馬場目小学校の卒業生が出張美容室を開いたり、と多彩な起業者が集うようになり、延べ40社近い起業家や企業が関わるようになりました。このようなBABAME BASEの活発な雰囲気は、町の中心部へと染み出し、革製品や家具製作といった若手職人の移住者が空き店舗をリノベーションして工房や販売拠点を構える動きも生まれています。

また、朝市通りには２０１８年に「いちカフェ」がオープンしました。その店主である坂谷彩さんは、小学２年生から五城目に暮らし、大学で一度外に出て、卒業後にＵターン、結婚を機に再び五城目町に戻ってきて子育てする中で、香澄さんたちとの出会いが大きな転機になったといいます。

坂谷さんは、役場内でパート勤務をしていた折に、地域おこし協力隊の３人が着任し、年齢が近いこともあって役場職員から香澄さんたちを直接紹介されます。東京から来て大変だろうと思いきや、メンバーのパワフルさに驚きつつ、地元の佐沢さんも交え、女子が集まって、まちのことでワクワクする話を交わすようになったそうです。

それまで周囲には、町のことを気にかけたり、将来を妄想しながら前向きに話せる仲間はほとんどいませんでした。坂谷さんは、田舎から都会に出ていくことをステイタスとして捉える周りの様子に、自分は町に愛着を持っていることを堂々と言いづらい雰囲気もあったといいます。そのような中で出会った香澄さんや佐沢さんといった新たな仲間のために、坂谷さんがキイチゴの手作りのお菓子を持参すると、「カフェを開いてみたら」と周囲が盛り上がり、SNSで各地のカフェ情報を持ち寄りながら、少しずつイメージを膨らませていきました。

こうして坂谷さんは、愛着のある朝市通りの中に、朝市に来た人が立ち寄れる、また、昼食も取れるような場所を。また、仲間たちも交流しやすく、まちが楽しくなるように感じられる場所を作りたい、とカフェを平日の昼間営業でオープンしました。実は、借りた空き店舗の物件が大きかったこともあって、丑田俊輔さんとも相談して、半分を「いちカフェ」として、残りの半分を学校と家以外で、子どもたちが自分の足で行けるサードプレイスにしよう、と大工さんや仲間とのDIYで「ただのあそび場」というスペースを作りました。

このような発想もあって、昨年の夏休みには、お母さんに共通する悩みから「夏休みに時間を持て余してしまう小学生に救いの手を」と、3週間にわたって、日替わりで様々な大人たちが先生となって、子どもたちと過ごすサマーキャンプを坂谷さんが提案しました。そのプログラムは、テディベアを作るワークショップ「わたしだけのテディベアを作ろうチクチク会」や、ロシア・ウクライナ情勢のことを分かりやすく教えてもらえる「ウクライナ、ロシアの関係を秋田犬で考えてみようワークショップ」、その他「なぜか足が速くなっちゃう講座」「植物標本をつくろう」「認知症の世界をのぞいてみよう」など多彩で、まちの中に様々な世代が集える場が育ちつつあります。

7　ドチャベンが呼び込む新たな分野の担い手

その後も五城目町では、多様な分野にイノベーションの広がりが見られています。例えば、教育では、地元の五城目小学校の新校舎建設時に、「スクールトーク」と称して、3年間で全10回のワークショップを行いながら町民と意見交換を重ねました。結果として、校舎の設計に「越える学校」というコンセプトが打ち出され、校舎の境界を越えた「みんなの学校」として様々な世代に地域の学びを提供する取り組みも始めています。

また医療・福祉分野では、秋田大学医学部で学んだ漆畑宗介さんが、近隣にあるJA秋田厚生連の湖東厚生病院の医師として勤務しながら、町内では「コミュニティドクター」として活動しています。漆畑さんは、秋田大学在学中に東日本大震災を経験し、県内の大学と連携して被災地支援にあたり、医療があっても、家や食べ物といった暮らしを支える地域社会が不可欠であることを痛感したり、他学部の活発な学生や現場のかっこいい大人に出会って、まちづくりに関心を持ちます。その後、東京ほくと医療生協協同組合王子生協病院で研修医として勤めながら、この病院が総合医として家庭医療専門医を育ててきた病院であることを知り、研究日は病院近くの団地でのサロン活動に参加し、患者さんの生活や地域を診る経験を積んでいきます。その中で、ゆくゆくは秋田に戻る気持ちを抱きつつ、先に述べたシェアビレッジの取り組みを知って、村民として五城目に足を運ぶうちに、県庁を通じて就職先の病院を探し、今日に至ります。

時機を同じくして、漆畑さんの母校である秋田大学が医学部附属病院総合診療医センターを2021年2月に設置することになり、漆畑さん自身もBABAME BASEの一室にその分室を構えて、病院が休みの日を中心に町内に飛び出して、コミュニティドクターとして活動し始めました。地域包括支援センターから声がかかって高齢者サロンで話をしたり、朝市に健康相談の屋台を出したり、学生や研修医に対して現場教育も行っています。漆畑さんの妻の八嶋美恵子さんも、社会福祉士の資格を持ちながら、集落支援員として町内で活動し、町の福祉関連の主体と住民の様子を共有しています。

資源活用の側面でも、町内で休業していた湯の越温泉を、温泉の復活を願う常連客や学生、福禄寿酒造の代表、丑田俊輔さんをはじめ地元の企業など25名が資金を持ち寄り、2020年8月に「合同会社ゆあみ」を設立。会社が温泉を借り受ける形で新たな交流拠点として整備し、2022年にリニューアル再開しています。

町の中で様々な主体や動きが見えてきた近年では、わざわざ五城目町に学びに来る大学生や高校生の姿が目につきます。地域を旅しながらオンライン講義で学ぶ「さとのば大学」の学生を町に受け入れるプログラムを実施したり、国際教養大学の工藤尚悟先生がBABAME BASEに拠点をおいて、その学生も町を訪れたり、高校生が研修プログラムの一環として朝市通りを歩き、町民に話しかける姿も見られます。彼らの中から、朝市の場に出店したり、活動をプレゼンする学生も出てきているそうです。佐沢さんも、お店にやってきた学生たちに町の人を紹介して、彼らが町に出ていろいろな人たちと話してくれるようになり、人の資源が出来てきた、と語っています。

Ⅲ　千葉県いすみ市：イノベーションの広がりが生み出す地域の新たな魅力

それでは、イノベーションを生み出すテーマが多岐に渡ることで、そこから地域にどのような魅力が生まれていくのでしょうか。その現場として、千葉県いすみ市を取り上げてみます。いすみ市では、地元で代々商売を営んできた人たちや農業者、そこに移住者による小商いも加わって、多様な主体が関わり合いながら、15年近くイノベーションの機運が醸成されてきました。近年では、豊かな自然の中に暮らしつつ、特急を使って東京駅まで70分の通勤圏としても認識され、地方移住を扱う雑誌『田舎暮らしの本』でも、住みたい田舎ベストランキングの首都圏エリアで総合1位が続き、「地元の人や移住者のなかにもさまざまな活動をしながら暮らしを楽しんでいる人が多く、コミュニティが充実」（2022年2月号）と評されています。いすみ市に生まれる新たな魅力が移住の動きにもプラスに働いていることがうかがえます。

1　千葉県いすみ市の概況

千葉県いすみ市は、千葉県の南東部、太平洋に面した九十九里浜の最南端にあり、人口は2022年4月1日現在3万6345人で、国勢調査では1995年の4万3547人をピークに減少傾向にあります。もともとは、京葉工業地帯の雇用力に支えられて人口を維持し、近隣の茂原市が日立の企業城下町として栄えてきましたが、2000年代に入り工場が撤退し、人口流出の一因にもなっています。2015年から5年間の人口減少率は、勝浦市、銚子市、南房総市に次いで県内の市の中で4番目に高くなっています。

2　移住者発信の当初のマーケットカルチャー

房総いすみ地域は、実は、前々から移住者による小商いの動きが活発なマーケットカルチャーの場として注目されていました。磯木淳寛さんは、その著書の中で、1999年頃からの移住者の増加が発端になった点を指摘し、そのひとりにマクロビオティック料理家の中島デコさんの存在を挙げています(注8)。

デコさんは、東京での子育てに限界を感じ、広いところでのんびり暮らしたいと思い始めた折に、縁あっていすみ市の古民家を紹介され、見に来て移住を決めたといいます。まずは、お金なくても食べていければよいという感じで、目の前の休耕田で米作りを始め、土と切り離されない暮らしを、この場所で季節折々に何かできるか考えるようになります。次第に、東京にいる友人が田植えや稲刈りに手伝いに来るようになると、土に触れることを求めている人たちに向けて、「ブラウンズフィールド」を主宰し、カフェや宿泊施設を開いて、イベントやスクールを行いながら、「好きなことを中心に据えて自由に生きる」マインドを育む土壌を作っていきました。

その動きは、農村志向の移住予備群にいすみ市を知るきっかけをもたらし、食や環境への意識の高い人たちが次々に移住するようになりました。そこからオーガニックが一つの大きなテーマとなって、2007年に始まっ

（注8）磯木淳寛『「小商い」で自由に暮らす　房総いすみのDIYな働き方』イカロス出版、2017年。

たナチュラルライフマーケットが実質的な房総いすみ地域発のマーケットカルチャーの源流となります。しかし、2011年の東日本大震災を機に、多くの移住者がいすみ市を離れ、その動きは一旦途絶えます。

その時、デコさん自身は、いすみの地に留まる選択をしました。当時を振り返りつつ「再びさまよったとしても、定着には時間がかかる。どこにも原発はある。田んぼや畑があるので、慌てて逃げ出すよりも、覚悟決めて逃げないことを選んだ。今では、自分も変わってきていることに気づいて、目指した訳ではないが、いろんな人を受け入れる場所ができた」と話します。今では、ブラウンズフィールドから卒業した人やその家族、子どもたちへと、地域や自然を大事にする価値観を共有できるネットワークが生まれています。また、Iターンのみならず、一度外に出てここの良さを見直しUターンする地元出身者も出てきて、20年かけてオープンな形でみんながつないでくれている、ということです。

3　市町村合併を機に生まれた地元発のまちづくりの胎動

このようにいすみ地域は、当初は移住者主体の活動が目立ち、地元住民との関わりは限定的だったようです。その後の展開についてヒアリングを重ねてみると、大きな転機になったのが2005年12月のいすみ市への合併の頃であることが分かってきました。

当時、旧夷隅町、大原町、岬町の3町の合併が決まりながらも、合併当初から、少子高齢化や東京への人口集中による人口減少、里山の荒廃や空き家の増加、コミュニティの弱まりが地域の課題に上っていました。旧3町の商工会もいずれ一緒になることが予想されたことから、それぞれの青年部が合同で2006年に「いすみ市を考える勉強会」の開催を呼びかけ、市民のみならず、市長や議員、市職員の参加の下で、環境や地域資源、観光などをテーマに議論を交わす場が生まれます。

さらに、青年部の有志や市の若手職員などから、新いすみ市として認知度を高めるためにも、まちづくりに取り組もうという声が自発的に出たことから、勉強会の機運を引き継いで、翌2007年には「いすみ市まちづくり推進協議会」が設立されました。協議会では、花・景観部会、食部会、里海・里山部会、移住定住・情報発信部会、女性部会に分かれて議論を深め、具体的なアクションから当事者意識を高めようと、まちづくり市民提案事業も始まりました（現在は、いすみ市まちづくり推進団体登録制度として継承）。

加えて、議論されてきた内容を実行に移すべく、協議会を発展させる形で、NPO法人「いすみライフスタイル研究所」（以下、「いラ研」と表記）を2008年に立ち上げます。当時、商工会青年部で勉強会の開催や協議会・NPOの立ち上げにも尽力した君塚正芳さんは、「移住定住を旗印にして、『人口を減らす速度を遅くする』ことを目指した。自分たちは地域あっての商売で、人口減少が商売にも影響する。将来を設計しながら、縮小の波に少しずつなじませていく。自分たちに何が求められているか、ちょっと困っているところを一緒になって、カメレオンのように相手に合わせてバランス取りながら、肩ひじ張らずにゆるくやっていこうとしていた。まちづくりとして、観光ではなく、将来から考えて導かれた『ライフスタイル』という名前が、結果としていすみの強みを示してくれた」と話します。

こうして、いラ研は、最初は商工会青年部を母体に、地域の強みと弱みの両方が見えている移住者も一緒になって、情報発信や移住・定住相談窓口の開設、移住・定住促進体験ツアーやイベントなどを通して、ゆるやかなネットワークづくりを始めていきます。

翌2009年には、NPO・商工会・企業・県・市などで構成される「いすみ市定住促進協議会」が設立され、官民協働で移住定住に取り組むプラットフォームができます。その象徴として、合併した旧岬町役場の部屋を間借りしていラ研の拠点と「いすみ暮らしサロン」を開設しました。NPOを役所の中に構えて、行政と民間のペアで日曜日も移住相談にも対応できるワンストップ窓口を作ったのです。こうして官民連携の動きも具体化し始めました。

4　市民活動から生まれた環境保全への機運

いすみ市では、市民提案事業がきっかけとなって、地域の課題に向き合う様々な発想が形となり、事業審査会も公開プレゼンテーションで行われることで、熱意のある団体同士のネットワークも広がっています。

縁あって2000年代初めに都内からいすみ市に移住した伊藤幹雄さんも、「ここに住むには、家の周りの木の名前を知りたい」と思って「夷隅郡市自然を守る会」に参加し、専門家や高校の先生から学ぶ機会を得ていきます。そして、海の仕事をする人たちや自然との関わりあるメンバーとともに、漁港の活性化を図る「いすみ夢鯨の会」を立ち上げて、いすみのスナメリを夢鯨（ゆめくじら）と呼んでプロジェクトのシンボルに据え、スナメリウオッチングクルーズの実現を市民提案事業に応募し、活動を展開しました。

伊藤さんは前職で家具の企画デザインや開発に従事した経験もあって、2009年に千葉県がいすみ市で開催した「市民活動フェスタ」の裏方を務めるなど、市民活動をサポートする機会が増え、自身でも「環境デザイン研究所」を名乗って、地域デザインを意識した動きを広げていきました。

その折に、周りの移住者から「薪ストーブを持ちたい。薪を手に入れたい」という相談が寄せられ、他方で、建築廃材や山の伐採で出た木材を取りに来ないかと言われて、両者をつなぐ場を作ろうと、「いすみ薪ネットワーク」を2012年に立ち上げました。入会金や会費は不要で、メーリングリストで情報を共有するネットワーク組織として運営し、現在は170人近くに配信しています。参加者は、いすみ市内が6割で、市外からもいすみ市への移住を考えている人や、子どもを連れて自然の中で時間を過ごしたい人など、20代から80代まで幅広い世代が集います。仲間で集まって、チェーンソーを使って立木を伐採したり、なたや斧での薪割、また、造園会社から雑木処分の声がかかれば取りにいったり、屋敷林周りの整備や台風前に倒木防止の作業依頼で現場に出向くケースもあるといいます。会員は、月1回、定例の薪づくりを行って、車1台分を5000円で持ち帰りができ、それを会の運営経費に充てています。

その他にも、2015年にいすみ市に移住した西澤真実さんは、やぶ化した放置竹林を整備し、竹を活かした循環型の環境づくりを目指して、「いすみ竹炭研究会」を立ち上げ活動しています。放置竹林問題を解決するために、依頼があれば仲間と現場に出向いてボランティアで竹林の伐採や竹炭づくりを行っています。できた竹炭は伐採後に土壌改良用として土に埋め戻すことで、多種多様な実生が育つとともに、弱っていた木々も元気になり、森林に再生させていきます。これまでに500名以上のメンバーで、6万5000坪の竹林整備を進めました。現在は認定NPO法人となり、依頼主からのお礼をはじめ、寄付金をもとに運営に充てています。

5　生物多様性の考え方が支えとなる里山環境保全、全量地元産有機米の学校給食への挑戦

市民活動の中から里山保全や環境保全の取り組みが広がるにつれて、里山環境を支える基本的な考え方についての議論も深まっていきました。その立役者となったのが、手塚幸夫さんです。

いすみ市出身の手塚さんは、学生時代から、反原発や自然保護、カウンターカルチャーにも関心を寄せ、高校教師として生物を教えながら自然保護活動にも取り組んでいました。そして、千葉県の生物多様性地域戦略づくりに当時の堂本知事のもとで尽力し、「生物多様性ちば県戦略」（2008年）を策定しました。それまでの戦略の多くが、生物多様性を生態系サービスとの関係で捉え、人間にとって貴重だから生態系を保護する、という文脈で描かれていました。それに対して千葉県の戦略は、地球温暖化の課題は生物多様性と表裏一体であり、伝統的な里山里海の暮らしやなりわいを重視し、健全な農林漁業の振興とともに循環型社会への転換を促す、当時としては画期的な考え方を打ち出しました。その姿勢は、その後の2010年のCOP10（生物多様性条約第10回締約国会議）におけるSATOYAMAイニシアティブのコンセプトにも影響しています。

いすみ市は、バブル期にはリゾート開発ラッシュや企業誘致に乗り遅れ、千葉県内の中でもゴルフ場も少なく、

その点では周回遅れの地域と言われてきました。しかし、手塚さんの眼には、故郷は今となっては開発を逃れたことで、夷隅川の95%が自然河岸として残り、豊富な魚種を獲る漁業者も元気で、稲作の営みが続く自然環境豊かな地域と映ったのです。

そこで、夷隅川流域生物多様性保全再生協議会が2008年に立ち上がり、2010年にはコウノトリ・トキの舞う関東自治体フォーラムにいすみ市が参加したことをきっかけに、自然と共生する里づくり連絡協議会を結成（2012年）して、コウノトリが飛来するような田園地帯を目指します。当初は、コウノトリを舎飼いし放鳥することを試みましたがそれを断念し、コウノトリが住み着く環境づくりから始めよう、と協議会の農業部会が有機米の生産に挑戦します。全く初めての経験だったこともあり雑草との闘いに苦戦し、改めて民間稲作研究所の稲葉光國氏（故人）の指導を受けながら、3年をかけて有機農業の技術体系を確立させていきました。そして、2015年から有機米を学校給食で子どもたちに食べてもらうことを、給食費の値上げ分を一般財源から補填しながら開始し、その2年後には有機米の全量導入を達成。さらに翌年からは、有機野菜の導入も始まっています。手塚さんも、「市長は独特の勘を持っている。シンポジウムの場で出た市民の声を受けて市長が学校給食への有機米導入を決断し、大きなビジョンを語って、価値観を変える取り組みになった」と話します。環境と経済の両立につながる有機稲作は、子どもたちの食への提供を通して生産者の機運も高めています。

このような具体的な実践と並走しながら、先の千葉県生物多様性戦略の現場版として、いすみ生物多様性戦略が2015年に打ち出されます。里山里海における人間を含めた生き物の戦略として、市の総合戦略を下地にしながら、環境保全型農業／有機米・地産地消と学校給食／里山里海の自然と資源の循環／生物多様性教育といった観点から、地域課題の解決を目指す姿勢が示されました。

それを受けて、小学生に向けて、学校給食だけでなく、5年生の総合的学習の時間を活用して、「田んぼと里山と生物多様性」をテーマに教育ファームの授業が始まったり、里山里海の資源である落ち葉に付着する土着菌を米ぬかや海藻などと合わせて、完熟堆肥を製造できる土着菌完熟堆肥センターを市が設立し、循環型農法への挑戦も始まっています。

手塚さんは、いすみ市でのこれまでの展開を例えて、土の中に「いすみ生物多様性戦略」が種として蒔かれ、「自然と共生する里づくり協議会」が主体となって土に水をやり、戦略の芽出しを進めている、と表現しています。いすみ市では、人間を含めた多様な生物たちが共生する土台に生物多様性を据えることで、持続可能な地域づくりを進めていこうとしています。その中で、工業的生産を見直し、伝統的な農林業が培ってきた里山の自然管理の技術、文化的価値を継承するところに有機農業の本質を見出すことで、農法についても自然農法にこだわり過ぎず、伝統的農法と近代的農法の両方を視野に入れ、しなやかな捉え方を手塚さんは提案しています。

6　地域の農業者が踏み出したなりわいづくりとしての有機農業

いすみ市の有機農業や学校給食の取り組みにエールを送ってきた大江正章さん（故人）は、実現できた背景に、いすみ市における「人の存在」と「人を活かす体制」の両面を指摘しています（注9）。「人の存在」では、先の手塚さんのほかに、Ｉターン転職によりいすみ市役所に入り、本事業の担当となった鮫田晋さんを挙げています。鮫田さんは、いすみ市のよさを「本格的な里山だけど、暮らしやすくふつうの生活の質がよいところ」と話し、有機農業についても素直に受け止める価値観や感性を有していました。大江さんは、「民」の感覚を持った「公」の立場の鮫田さんと、「民」の立場から「公」とも連携できる手塚さんが要の存在となって、そこに太田市長の地域農業を何とかしたい気持ちの強さが「ひとを活かす体制」を作り上げ、「公」が「共」へと制度が運動に開かれていく過程だった、と表現しています。

さらに生産者の立場から有機農業の挑戦を地域に根付かせたのが、地域を守ろうとしてきた農事組合法人「みねやの里」の活動であり、代表の矢澤喜久雄さんの存在です。団塊世代にあたる矢澤さんには、季節ごとに集落の中で集まって懇親を深めたり、旅行や交流会なども活発に行っていた青年団時代の原体験がありました。次第に若い人も減ってくると、区で行う祭礼も神輿を出すのを止めてしまい、「このままいくと、人間よりも獣が多く住む集落になってしまう。農業も自分の機械が壊れたら、新しいものを買ってまで続ける気持ちになれない」という声も聞かれました。

そこで、１９９０年代後半に地域の20戸あまりに全戸アンケート実施したところ、どの家も農業を縮小したりゆくゆくは辞めることを考えていることが分かってきました。そこで議論を重ねて、集落や農地を守る方策とし

（注９）大江正章『有機農業のチカラ』コモンズ、２０２０年。

て、第2種兼業農家である全員の田んぼを全員で働いて守り、みんなが集落に関わって維持しようと、集落営農の立ち上げを決め、２００４年に峰谷営農組合が任意組合で発足しました。営農組合では、オペレーターが中心となって大型機械を運用し、主食用米やＷＣＳ向けの飼料用米を作り、その他の時期は、冬季に収穫できるなはなや、旧夷隅町時代に振興していた柿を生産し、柿は地元の事業者ともいすみ柿ネットワーク協議会を組織して、スイーツやジェラート開発も行ってきました。

集落の維持を目的に立ち上がった峰谷営農組合は、有機農業への関心は当初は全くなかったと言います。ただ、営農組合でも、環境を大事にして化学合成農薬と化学肥料を通常の半分以下で栽培する「ちばエコ農産物」の認証を得て食用米を作っていました。その折に、自然と共生する里づくりプロジェクトの農業部会に夷隅地区から選出され、矢澤さんも、先進地である兵庫県豊岡市でのコウノトリと共生する地域づくりを勉強していきます。その中で、「峰谷は15 haほどの農地なので、地域全体で経済も活性化しなければ、自分たちの集落も生き残れない。自然と共生して活性化を図れるプロジェクトのチャンスを逃したら地域は守れない」とコウノトリが飛来するよう無農薬栽培を目指せないか考え始めます。

こうして２０１３年から、まず20ａあまりで無農薬で米づくりを始めますが、草取りに悩まされます。それでも、矢澤さんは「何とかしないと広がらない」と2～3年は続ける覚悟だったと言います。市役所の中でも、当初は農林水産課も無農薬栽培には大反対だったそうですが、豊岡のコウノトリ育む農法をまず真似て、前述した稲葉光國氏に教えを乞い、鮫田さんが市役所側の主担当となって２０１４年から3年間のモデル事業を進めて行きました。その後の展開は先に記した通りです。

営農組合は今では、農事組合法人みねやの里として法人化しています。矢澤さんは、「技術的にも良質米づくりを牽引して、都会のお米屋にも販売し、目の前で実態を作りながら、地域を俯瞰的に見て未来を見つけてきた。何を作るか選択する材料がなかった中で、有機は特別な存在になった」と振り返ります。鮫田さんも、「農業を通して勉強することは多い。自分の生き方としても、有機に取り組み始めて、変えないといけないと感じている。点から面になるには、伝統を引き継いで、有機を通じて生物多様性を問い直し、食と安全を通じて学校給食で子どもたちの健全な成長を願う社会的な価値が大事になる。それが全国に広がれば、農業が地域を守ることにもなる」と話します。

7　移住者による小商いから始まったローカル起業の機運

2節で触れたように、移住者起点のマーケットカルチャーは、東日本大震災を機に一旦途絶えますが、その後、震災で観光客が来なくなり地域のひっ迫した状況を受けて、再びマーケットを通じたにぎわいの場が作られていきます。

まちづくりの中間支援団体として立ち上がったＮＰＯ法人いすみライフスタイル研究所も、「いすみであれこれむすばれる」場がより日常になるように、また、地域の人たちへのひと押し支援の機会として、いすみライフマーケット in ちまちを、保育園の跡地で２０１８年まで6年にわたり毎月開催してきました。同じ時期に、いラ研では、市からいすみ田舎暮らし情報発信事業を受託し、2015年からは房総いすみ田舎暮らし情報センターを開設し、マーケット文化とともに移住者の受け入れ環境が整うことで、自ら小商いを志す人たちが出てきました。

折しも、国から地方創生の政策方針が示され、いすみ市でも2015年にまち・ひと・しごと創生総合戦略が策定され、新規創業支援が大きな課題に上ります。いすみ市役所の水産商工課移住・創業支援室長である尾形和宏さんは、10年前から移住施策を始めるも、最初は何をすればよいか分からず、いすみ市を気に入って移住してくれた人に話を聞きに手探りで会っていきます。すると、移住者の皆さんは、自然が多くて、不便のない生活が送れて、その気になれば東京にも通える。「なにもない」と思っていたこの場所に、素敵なことがいっぱいあることを教えてくれた。役所の仕事すべてが移住・定住や地域の魅力づくりにつながることが分かり、移住・定住を促進することが、とてもシンボリックな目標になった、とWeb掲載の記事の中で語っています(注10)。

そこで、市では、いすみ市に2013年に移住した鈴木菜央さんに、移住・創業支援の事業を委託します。鈴木さんは、社会変革や社会貢献に関するニュースを提供するインターネットメディアの運営や関連イベントを展開するNPO法人グリーンズの共同代表でもあり、いすみ市で小商いを始める移住者と地域とをつなぐハブの存在となりつつありました。鈴木さんなりに、いすみ市で小商いが生まれる背景について、いすみ市周辺はギリギリ東京経済圏外で、経済的には都市部と切り離されているから、小商いする人が本気にならざるを得ない。本気だからこそ商売が成り立つということかもしれない。また、家の広さに余裕があるから家の一角で始められる。

そもそも家賃が安いので必要な売上も少なくて済む。大量に販売しなくていいから自由度が増して楽しくなる。情報が早い都会的側面との両面があって、小商いという新しい概念を田舎で実践するには、房総いすみ地域はぴったりな場所かもしれない、と分析しています(注11)。

鈴木さんは、地域のつながりと資源を上手に活かして起業を行う人たちを「ローカル起業家」と名付けました。地元の資源を活かして商売できることが、ローカル起業家のメリットだとして、「日々の仕事を通じて人間関係が豊かになり、人間関係が豊かになると、それがまた仕事にも返ってくる。そうしてコミュニティが豊かになると、どんどん仕事がしやすくなる」ような「充実した、幸せな「働く」かたち」を作り上げることを考えていきます。そこで、「やりたいと言える場所があり、最初の一歩を踏み出したときや、途中で行き詰ったとき、各過程で周りの人たちが起業家をサポートできるような状況があると、その事業はより成功しやすくなる」と、「いすみローカル起業プロジェクト」を打ち出し、いすみ市らしい創業支援の場を形にしていきます。

具体的には、市内に新しくできたコワーキングスペースのhinodeや大原漁港で行われる港の朝市にブースを出して、移住相談や創業支援の場をまず作り、鈴木さんたちのＷｅｂメディアであるgreenz.jpに、いすみのロー

(注10) 7節に出てくる鈴木菜央さんと尾形和宏さんのコメントは、ＷｅｂメディアgreenZ.jpの２０１８／１／９記事：宮本裕人「自由を取り戻すために、地方で仕事と暮らしをつくる。そんなあなたを、いすみ市とグリーンズが徹底的に応援する理由」https://greenz.jp/2018/01/09/isumi-kickoff/（２０２３年4月6日確認）に、お二人の対談として収められています。

(注11) 磯木淳寛『「小商い」で自由に暮らす　房総いすみのＤＩＹな働き方』イカロス出版、２０１７年、１２１頁。

カル起業家のストーリーを紹介したり、学びや気づきの記事を連載して、小商いの動きを「見える化」しました。そして、リアルの場でも、green drinksなどのイベントを開催し、自由な生き方としてのローカル起業をテーマに集えるコミュニティの場を作っています。さらに、起業に向けて一歩踏み出せる場として、いすみに滞在して、先輩の話を聞いたり、自分の起業プランを練っていく「ローカル起業キャンプ」や、いすみで既に起業した人たちがお互いに悩みを共有したり、アイデア出しやアドバイスし合える「ローカル起業部」のようなサポート活動も立ち上げました。地域の人たちに向けてもやりたいことをプレゼンし、応援してもらう場として「ローカル起業フォーラム」も開催しています。

鈴木さんは、「地方では、仕事をつくることと暮らしをつくることとが、同心円上にある」と捉えていて、ローカルという言葉に、行き過ぎたグローバル経済のなかで、人間の幸せを起点にした生き方や社会の在り方を作ろうとする人たちのムーブメントの意味を込めています。そのローカル起業には、「仕事をつくる→暮らしが豊かになる→仕事が生まれる→社会の未来がつながってくる。社会の未来に貢献できる実感、想いが満たされる。ローカル起業には、そんな環境で社会に関われる面白さがある」といいます。実現に向けても、地域外に漏れ出るお金を減らし、できるだけ地域内で循環させる「漏れバケツ理論」への戦略を考えていて、「持続可能ないすみを作る」には、力ある主体者が育つとともに、まわりが買い支える必要があり、そのためにも、「市民と一緒に仕事をしたい人で、市民もこの人と一緒に仕事をしたいと思うような人に移住して欲しい」＝「○○さんたちと△△したい」と思える場として、一連のローカル起業プロジェクトの全体像を描いています。

市役所の尾形さんも、「起業家本人をサポートする」というよりも、「起業家を応援できる環境をつくる」ことが、ローカル起業家を増やしていくために必要で、そのための最初のきっかけは、「ワクワク」を大事にするような些細なことではないか、と話します。ローカル起業部に集う部員は、今や200名近くに上り、その顔ぶれは、鈴木さんのgreenz.jpに多く紹介されています。

8　着地型観光の動きを呼び起こしたいすみ鉄道再生

これまで捉えてきた取り組みはいすみ市内が中心でしたが、地域の外に向けた発信としてメディアに取り上げられるなど大きな反響を得たのが、地元のローカル鉄道であるいすみ鉄道再生の動きです。

いすみ鉄道株式会社は、いすみ市内の大原駅と上総中野駅の間を結ぶ旧国鉄木原線が廃止になるのを受けて、1987年7月に第三セクターで設立され、翌年に路線を継承します。しかし、沿線人口の減少や車社会の中で利用者が低迷し採算も厳しく、いすみ鉄道再生委員会が2008年からの2年間で収支を検証し、廃止も視野に入っていました。

その中で、起爆剤として社長を民間から公募し、2009年6月に鳥塚亮さんが公募社長に就任します。鳥塚さんは、「本当に残らなければならないのは「地域」。鉄道は地域のランドマークであり、地図上でもっとも地域をアピールできる記号だ」として、いすみ鉄道の観光鉄道化を目指します。沿線は、自然と平和以外に「何もない」地域だとして、「「なにもない」がある」をいすみ鉄道のキャッチコピーに掲げ、様々な取り組みに挑戦していきます。まずは、ムーミン谷に似ている沿線風景から発想を得て、ムーミン列車を2009年から運行し、国吉駅にはムーミン・ショップをオープンさせます。また、国鉄時代の旧型車両を導入して鉄道ファンを惹きつけたり、新規職員の採用も、訓練費用を自己負担して自ら志願する運転士を募集したり、様々なアイデアを形にしていきます。こうして2010年8月のいすみ鉄道再生委員会では、「観光鉄道化」により乗客数が前年比で15~20%増という結果が出たことから、存続が決定します。

鳥塚さんは著書の中で、「静かで「何もない」街並みや田園風景を走る鉄道に価値を見出してもらう。イベントを起爆剤に、そこから列車が走ることそのものをイベント化し、日常的にも手間もお金もかけずに観光客を集客する仕組みを継続して、首都圏を中心にファンの利用、観光利用が支えになった。場当たり的な廃止反対運動よりも持続可能な取り組みを」とその手応えを語っています（注12）。

このような鳥塚さんたちの奮闘に対して、国吉駅前で旅館を営む掛須保之さんが団長となって、2009年に「いすみ鉄道応援団」が発足し、「日本一賑やかな駅を作りたい」と国吉駅のムーミンショップを引き継いだり、駅をきれいに掃除するなど、いすみ鉄道を様々な場面で盛り上げています。当時のいすみ市商工会長からも、「数年前まではいすみ鉄道は地域のお荷物だったが、今は、いすみ鉄道は誰が見ても地域の牽引車になっているし、観光のシンボルになりましたね」という声が寄せられ（注13）、地元住民にも変化が実感されています。

鳥塚さんは2018年に社長を退任し、次期の公募社長として古竹孝一さんが就任します。古竹さんは、四国・香川県の高松市内でタクシー会社など6社を若くして社長となって経営し、次期社長へのバトンリレーの見通しがついたこともあって、香川での経験やまちづくりイベントで得たアイデアを形にする実行力が買われて、いすみ鉄道にやってきました。

古竹さんとしては、一番やりたいのは地域を巻き込むことで、「チーム千葉・チームいすみ鉄道」として、まずは沿線から取り組んで、次に南房総を元気にする役割を担いたい。地域に関わっていく姿勢は一貫しています」と話します。やはり、首都圏からの観光・交流人口をどう取り込んでいくかが課題であり、鳥塚さんの取り組みを引き継ぎつつ、「何もないから関係を作っていく」展開を見据えて、地域の名物を他との合わせ技で発想したり、交通も鉄道だけでなく、マウンテンバイクや他のモビリティとの組み合わせで捉えることで、「公共交通」から「公共交流」への流れを生み出そうとしています。

これまでも、いすみ鉄道として地域おこし協力隊を受け入れ、鉄道ファン向けにロケハン＆マナー講座を開催したり、クラウドファンディングを呼び掛けて、ファンに支えてもらう仕組みを始めたり、島根県奥出雲町の協力隊とローカル線活性化という共通ミッションでつながり、ＪＲ出雲横田駅と交流して国吉駅にもしめ縄を付けて縁をつなぐ取り組みなどを展開しています。

前節で触れたローカル起業の移住者とも、連携する場面が出てきています。不要な衣類をアップサイクルしたハンドメイド服作家である松永さやかさんは、国吉駅界隈の苅谷商店街にある旧郵便局をリノベーションして、

(注12) 鳥塚亮『いすみ鉄道公募社長　危機を乗り越える夢と戦略』講談社、２０１１年。
(注13) 鳥塚亮『ローカル線で地域を元気にする方法　いすみ鉄道公募社長の昭和流ビジネス論』晶文社、２０１３年。

シェアアトリエ「マチノイト」をオープンし、時折イベントを開催するなど、駅周辺ににぎわいを生んでいます。また、空き家の利活用を提案する会社「スターレット」代表の三星千絵さんは、地域のみんなで図書館を育てようと「星空の小さな図書館」を開いたことをきっかけに、今度は、古本・専門書買取事業を展開するエコカレッジの尾野寛明さんと、いすみ鉄道の古竹さんとともに、三者で連携協定を結んで、2020年から「い鉄ブックス」を始めました。尾野さんの会社が「関係人口を創るネット古書店」として地方創生にも重きを置いていたことから、「三セク鉄道会社×古本」という組み合わせで、古本を寄付すると、古書販売などで得られた収益の一部でいすみ鉄道を応援できる仕組みを設えました。

こうしたいすみ鉄道再生の挑戦が、移住者が生み出す新たな活動ともリンクして、地元住民のみならず、地域外からの来訪者にも交流のすそ野を広げ、着地型観光の基盤を築いています。

9　地域経済循環を目指し、商工会から広がるツーリズムや新事業

市民活動の広がりや有機農業から学校給食での有機米導入への展開、さらに移住者が盛り上げてきた小商いやいすみ鉄道再生の動きに刺激を受けて、地域経済の核を担う商工会もまた新たな挑戦を始めています。

その象徴的な取り組みが、2013年から大原漁港で始まった「港の朝市」です。酒小売業を本業とする出口幸弘さんがその前年に先代から会長を引き継いだ時、商工会会員の経営はどこも厳しく、商工会のイベントにも家族経営の中から人手を出す余裕もない状況に陥っていました。また、行政も施設の維持などにコストを要する

など財政難で、商工会への補助なども今までのように期待できないことも分かってきました。

そこで、できることを何でもやろうと、市長の命を受けた市役所の若手職員による提案から朝市の開催を目指し、関東周辺の現場にも職員とともに足を運んで視察し、まずは月1回開催でスタートさせます。周囲からは3ヶ月ももたない、と評されましたが、回を重ねるにつれて多くの集客があり、いすみ鉄道の当時社長の鳥塚さんが「いすみ鉄道は首都圏3500万人の1％の集客狙う」と声を上げたこともあって、2015年から月2回開催に増やし、その翌年からは毎週開催を実現しました。

結果として、毎回2000～3000人の集客を得て、いすみ市の観光入り込み客数も、2016年の29万人から19年には45万人まで増え、朝市の客単価も1000円を超えたことから、1店当たりでは1日平均8万円程度の売り上げとなり、全体では年間1億円を超えました。いすみ市の課税所得も1992年の588億円から16年には418億円へと減少していましたが、観光での入り込み客数の増加とともに、2019年には422億円まで回復し、観光における地域経済への波及効果も見られました。

港の朝市は、創業・起業の場として、また事業者が新商品開発や新分野展開を判断できるマーケティングの場となり、朝市を舞台に伊勢海老やタコなどの地元産品に新たな需要をもたらし、その魚価を上げることで、立ち上げ時期から目指していた「地元産品のブランド化と流通促進」を達成しつつあります。そして、2021年には、運営委員会だった組織体を、港の朝市協同組合に変えて商工会に加わる形にしました。今では、観光ツアーバスの受け入れや近隣の宿泊施設との連携など、南房総の入口に位置する拠点として、地域経済の循環や情報発信にも大きな役割を担うようになってきました。

時期を同じくして、農業や漁業を盛り上げ、商工業でも外貨を稼げるようにと、里山里海の資源を活用した農泊を展開すべく、農水省の事業を活用して、体験教育旅行やインバウンドの受入体制の整備を進めようと、2018年には「いすみ市農泊・インバウンド推進協議会」を設立します。体験プログラムの開発や宿泊の受け入れなどに取り組み、2017年から3年間で、海外から12校、国内も3校を合わせて1253人を受け入れました。

それを受けて、2020年4月には協議会を発展的に解散し、地域DMO（観光地域づくり法人）にあたる（一社）ツーリズムいすみを立ち上げました(注14)。そこには、いすみ市商工会だけでなく、遊漁船・漁協レストランを運営する夷隅東部漁業協同組合、大原水産加工業協同組合、いすみ市教育旅行宿泊業組合、地域の交通事業者である浪花タクシーなども連携していきます。まず、農泊や体験学習では、いすみが築いてきた持続可能な農業や漁業、生物多様性を伝えていく教育旅行探求学習プログラムの開発を目指して、コロナ禍の中でも、台湾からのインバウンドを対象とした2泊3日のモニアーツアーを実施し、ツーリズム資源の磨き上げやガイド育成を視野に入れています。その他にも、いすみ鉄道と連携して、鉄道に自転車を載せて移動し、市内の資源を巡るサイクリングモニターツアー事業や、星空ツアー「いすみ銀河鉄道」モニターツアーなど、観光地域づくりに向けて収益性も視野に入れた事業展開を始めています。

それだけでなく、国吉駅の最寄りにある地域唯一のタクシー事業者が廃業したことを受け、国の制度を活用して、ツーリズムいすみと市内の浪花タクシーが連携して、市内の交通空白エリアをカバーするデマンド方式の運送事業を開始し、病院等への住民の足に加え、駅から離れた観光コンテンツへの足としての活用も目指しています。

このようにツーリズム方面にも商工会の関わりが広がる一方で、移住者を中心にしたローカル起業に、地元事業者も前向きな刺激を受けています。高校を卒業して一度いすみを離れた荘司和樹さんも、都内で一級建築士事務所を立ち上げていましたが、Uターンしていすみに拠点を移しました。

これまで取り上げてきたようないすみでの新しい動きを経営者仲間から聞いて、荘司さんは非常に驚いたそうです。そこから、自分でも地域デザインを通じて、より時代にフィットした最適な地域社会づくりに挑戦してみたい、と考えるようになり、東京よりもいすみの方が魅力的なフィールドに見えてきた、といいます。また、一級建築士として関わる都心のプロジェクトもいすみ市にいながらテレワークで対応できるようになって、東京にいた頃よりも今の方が、この世界のリアルな情報や楽しみ方を手に入れられている、ということです。

このような発想の原点には、いすみで育った子どものときに、地元の酒蔵である当時の木戸泉酒造の社長の姿があったといいます。親世代の経営者たちが、地元の居酒屋で、イベントのことや地域の未来を楽しそうに語り

（注14）ツーリズムいすみの担い手として、移住しCMOとしてマーケティングを担う山内絢人さんや、地域おこし協力隊時代にインバウンド受け入れの下地を作った藤田好一さんの存在も大きく、神山典士『トカイナカに生きる』文藝春秋、2022年に詳述されています。

合っていたり、当時中国に新工場を展開させるようなアントレプレナーの存在が身近にあって、荘司さんも将来は経営者になって、新しい世界を目指したり、まちのことをやっていきたいと思うようになったそうです。

いすみに戻ってくると、自分たちのような移住したい子育て世代の受け入れがこの先大事になるものの、地域の空き家が流通していない現実があって、空き家問題に向き合うような課題解決型の発想のトレーニングが大切だと荘司さんは感じていました。また、いすみ市商工会も、千葉県内で唯一会員数が増えて、新しい起業者も来ている反面、地元の事業者はこれまで続けてきた業種だけでは行き詰まりを見せていました。

そのような折に、商工会では、上の世代が引き際を見せて、荘司さんをはじめ中堅世代が役員を継ぐことになり、一気に世代交代が進み、上世代も、若い世代のやることをどんどんやれと後押ししてくれました。そこで、業種を超えて意見を交わしたり、やりたいことをつないでコラボできる場として、「新規事業創造委員会」を立ち上げます。委員会には、商工会に入っていない人も参加でき、地域課題に対しても、自分一人で悩まず、みんなで分析して解像度を挙げて新しい発見に導くようなプロセスを大事にしています。

この新規事業創造委員会から生まれたのが「杉活用プロジェクト部会」です。地元の老舗家具専門店を営む大丸木工所の大谷展弘さんは、木に携わる者として、気候変動が大きくなる中で、木材資源に対する危機感を持っていました。かつて工場見学に来た小学生から、「材料はどこから来るの？」と聞かれて、地元材を使っていない現実に気づき、千葉の杉を使った資源循環で新たな挑戦が何かできないか、考え始めていました。その折に、2019年の台風被害でいすみでも倒木が相次ぎ、処理できず野積みされた風倒木や、倒木防止で伐採された木材の活用が問題視されたことから、そこから地元の仲間とともに新しい事業を試みます。取引先の岐阜県の飛騨産業が杉を圧縮し固くする技術で椅子や机などの製品を生み出していたことから、千葉産材での製品化テストを依頼し、試作を進めます。同時に、いすみでも、廃材を集荷する産業廃棄物業者、木を目利きし部材を活かせる製材所、岐阜と千葉をつなぐ運送会社、いすみ側で搬入設置する家具製作所といった事業者が揃って、お互いの能力と信頼をベースに、原材料から製品納入までの一連の流れを担える体制を作り上げました。出来上がった製品は市の施設でも採用され、これから広く売り込んでいく段階ですが、大谷さんとしても、いすみが「地域資源の活用と人が活躍する地域」として活性化し始めたことを実感しつつ、仲間も会社の中でやりたいことができる世代になって、仕事も楽しくなってきた、と話しています。

Ⅳ　総括――2つの地域が示す農村発イノベーションに求められる要点

1　2つの地域のプロセスから読み解く

改めて、秋田県五城目町、千葉県いすみ市の2つの地域での「農村発イノベーション」の展開について、年表をもとにたどってみます。この年表の上部には、出来事と各節の見出しで取り上げているキーワードを書き込んで、その関連が読み取れるように設えました。

まず、第Ⅱ章で取り上げた秋田県五城目町（**表1**）では、以前から続けてきた東京都千代田区との姉妹都市の関係から生まれた縁に、近年の田園回帰の動きが加わって、2013年のBABAME BASE開設を契機に、地域おこし協力隊がそこに着任し、コーディネート役を担うことで、起業を志す若者たちが集まり始めました（2～3節）。彼らは、五城目にある資源や人々に触れて、土着の暮らしにも共感しながら、「ごじょうめ朝市大学」を舞台に、自分がやってみたい小さな挑戦を仲間とともに少しずつ形にすることで、新たななりわいが立ち上がる機運が生まれていきます（4～5節）。その中で、歴史的に続いてきた朝市が、「ごじょうめ朝市 plus＋」のように地域住民とよそ者との結節点にもなって、地元に対する前向きな想いを共有しながら、新たな価値を生み出す場にもなってきました。五城目発のドチャベンが掲げる「丁寧に生きる人からしか、生まれないベンチャーがある」というフレーズは、この10年で見えてきた五城目発のイノベーションのスタイルを体現したものと言えそ

表１　秋田県五城目町における農村発イノベーションの展開

年	出来事 ２節：都市農村交流	３節：よそ者の入口	４節：参加のハードル	５節：仲間づくり・挑戦	６節：ドチャベン	７節：新たな分野への広がり
前史	五城目町と東京都千代田区が姉妹都市締結②					
2013	五城目町地域活性化センターBABAMEBASE開設②／丑田俊輔さんと五城目町職員出会い②					
2014	丑田さん一家、五城目に移住②		地域おこし協力隊３名、BABAMEBASE に着任④／ごじょうめ朝市大学開始④			
			→活動スローガン「世界一こどもが育つまち」掲げる④			
2015		シェアビレッジ町村オープン③		臨時朝市トライアル⑤		
2016				ごじょうめ朝市		
2017					（一社）ドチャベンジャーズ設立⑥	
2018					坂谷彩さん、いちカフェオープン⑥	
2020						合同会社ゆあみ設立、湯の越温泉復活へ⑦
2021						漆畑宗介さん、秋田大学医学部附属病院総合診療医センター湖東分室を開設⑦

資料：ヒアリングをもとに筆者作成。
注：○の数字は、II章の中で触れた節の番号を示す。

うです（6〜7節）。

一方、第Ⅲ章で扱ったいすみ市（表２）の場合は、２００５年のいすみ市への合併を機に、20年近い時間をかけて、その時々のトピックから、次の新たな展開が引き出され、そこに様々な主体が加わりながら、イノベーションの層を厚くしてきたように感じます。

まず、いすみ市としての合併を機に、行政×商工会×市民での勉強会が始まり、官民連携の場や市民発の活動を応援する機運が生まれ、そこに移住者を前向きに受け入れる体制が整ってきます（3節）。その中から、地元住民や移住者がともに集って、いすみの里山里海に目を向ける活動も始まりました（4節）。

２０１０年代に入ると、千葉県が生物多様性戦略を取りまとめたことや、コウノトリをシンボルとした自然と共生する他地域からの学びを、いすみの中でどう具体化するのか試行錯誤する中で、有機栽培での米作りに挑戦し、学校給食での全量有機米導入という全国でも画期的な実績を生み出しています（5・6節）。このような農業者起点のチャレンジは、里山や子育ての環境にも感度の高い移住者を惹きつけるだけでなく、小商いを通したローカル起業の機運も高めていきます（7節）。

他方で、廃線目前であったいすみ鉄道再生の挑戦からは、自然の他に「何もない」里山を走るローカル鉄道も地域資源のひとつと捉え直す見方が広がり、地域外との交流から価値を生み出す着地型観光に光を当てることになりました（8節）。その流れは、地元商工会に対しても、港の朝市の立ち上げや、次世代経営者による新規事業創造委員会での異業種連携という新たな挑戦をもたらしています。さらには、インバウンドや子どもたちに対

表２　千葉県いすみ市における農村発イノベーションの展開

年	出来事 2節：マーケットカルチャー	3節：官民連携・市民活動の胎動	4節：環境保全の機運	5節：柱となった生物多様性	6節：有機農業から学校給食へ	7節：ローカル起業	8節：着地型観光	9節：ツーリズム・新事業展開
1999頃	移住者が増加し、マーケットカルチャーの源流に（→2011年、東日本大震災で多くが他出）②							
2005		平成の合併によりいすみ市誕生③						
2006		商工会青年部、いすみ市を考える勉強会開催③						
			いすみ夢鯨の会立ち上げ④					
2007		いすみ市まちづくり推進協議会設立③						
2008		NPO法人いすみライフスタイル研究所設立③						
				夷隅川流域生物多様性保全再生協議会立ち上げ⑤				
2009		いすみ市定住促進協議会設立③					いすみ鉄道の公募社長に鳥塚亮氏就任⑧	
2012			いすみ薪ネットワーク立ち上げ④					
				自然と共生する里づくり連絡協議会設立⑤				
2013								商工会、港の朝市開始⑨
2014				有機農業モデル事業開始⑤⑥				
2015				いすみ生物多様性戦略⑤／学校給食に有機米導入開始⑤⑥				
2016			いすみ竹炭研究会立ち上げ④					
2017				学校給食米完全有機化⑤⑥		いすみローカル起業プロジェクト立ち上げ⑦		
2018							いすみ鉄道、公募社長に古竹孝一氏就任⑧	
								いすみ市農泊・インバウンド推進協議会設立⑨
2019								（一社）ツーリズムいすみ設立⑨／商工会、新規事業創造委員会立ち上げ⑨
2020							い鉄ブックス事業開始⑧	

資料：ヒアリングをもとに筆者作成。
注：○の数字は、Ⅲ章の中で触れた節の番号を示す。

して里山里海の自然環境といすみでの暮らしや生業を関連させた体験や学びのプログラムを充実させていく地域DMOの設立へと展開し、地域経済循環の再構築を目指す方向へと着実に向かっています（9節）。

五城目町、いすみ市それぞれの「農村発イノベーション」の展開について、冒頭の第Ⅰ章において読み解く視点として掲げていた「農山村再生のプロセス」というものさしで捉えてみると、その到達点はどのあたりになるでしょうか。

第Ⅰ章の**図1**（8ページ）で示した再生プロセスについて、改めて振り返っておきます。まず、基層にあたる地域社会では、住民の顔ぶれが多様化し、また分化する現状において、外部との交流などをきっかけに、住民同士が改めて顔を合わせたり、対話の機会が生まれ、コミュニティのつなぎ直しが進んでいきます（再生プロセス①）。その中で、田園回帰の機運を取り込んで、地域の資源を活かしながら新たな価値を生み出すなりわいづくりが生まれ、暮らしと経済を一体のものと捉え直す視線ができます（再生プロセス②）。そこから、市場や経済にあたる上層部分がバランスよく積み重なり、多様ななりわいが農村の新たな魅力となって地域外にも訴求力を高め、新たな人材を呼び込む好循環を生み出していく（再生プロセス③）、というストーリーです。

まず五城目町に関しては、BABAME BASEでのイベントやごじょうめ朝市大学といった場を通して、移住者、地元と出身を問わず、想いのある人たちが集う場ができ、そこから、ごじょうめ朝市 plus＋が象徴となって、町内のさまざまな場所で、また多様な切り口で新たに挑戦し、起業も志す機運が生まれつつあることから、今はプロセス①から②への途上にあるでしょうか。

それに対して、いすみ市の場合は、プロセス①にあたる部分としては、いすみ市への合併を機に行われた旧町を横断した顔ぶれでの勉強会や、環境保全を志す市民活動、中間支援を担ういすみライフスタイル研究所の動き、廃線目前からのいすみ鉄道の再生などの様々な場面であり、「なにもない」と思っていたいすみ市の里山環境をプラスに捉える目線が、様々な仲間とともに共有されてきたことは大きな一歩になったと言えそうです。そこから、里山里海の保全や小商い、着地型観光などそれぞれのテーマを介して、地域資源の多様性があぶり出され、プロセス②のように、ローカル起業×生態系保全×ツーリズムが相互に融合して、環境を軸にして新たな価値を生み出す事業展開に集約されていきます。それはいすみ地域の魅力となって地域外からのツーリストや移住者を惹きつけるプロセス③の段階にも進みつつあります。

このように2つの地域はいずれも、地域起点のイノベーションの取り組みを通して、農山村再生に向けたプロセスも着実に前進させていることが分かってきました。その背景として、地域を継承する大きな時間軸に「バックキャスト志向」が位置づいていることも大きいと思われます。

五城目町では、土着ベンチャー＝〝ドチャベン〟を志す有志から、「世界一こどもが育つまち」という活動スローガンが掲げられています。丑田香澄さんからは、BABAME BASEでのイベントに集った人たちの感触から、五城目は県内ワーストに入るほどの少子高齢化の現状で、そこで無理に人口を増やそうとすればむしろ悲壮感すら漂ってしまう。それより、子どもや教育といったみんなが経験することを目標に掲げ、「小さな町から世界へと突き抜けていくほどの大きな視野で活動しよう」と方向性が共有された、という話がありました。

また、いすみ市では、様々なテーマが展開しながらも、そのベースは持続可能な地域づくりの基本理念を示す「ライフスタイル」と「生物多様性戦略」という2つのキーワードに根付いたものであるように感じます。

今でこそ、筆者も若者の農山村回帰や継業を捉える上で、ライフスタイルという言葉をよく掲げますが、いすみ市では、2008年に「いすみライフスタイル研究所」を立ち上げた時点で既にその息吹を取り込んでいたことが分かります。当時、商工会青年部だった君塚正芳さんは、勉強会に関わられた先生から、NPOの名前を提案された経緯を振り返って、「観光ではないまちづくりとして、将来から考えて導かれた「ライフスタイル」という言葉がいすみの強みを示してくれた。この言葉を聞いて、当時はかっこいい、と思っていた。その時、その時のやり方で、主体的にまちづくりに関わる実例を示すことができたし、一個人、一企業でやりたくてもできないことを、まちづくり団体の看板のもとで、みんなでやれた」と語ってくれました。

また、生物多様性戦略づくりを担った手塚幸夫さんは、日本的な生物多様性のモデルは里山里海、それは、人が関わることで形成されてきた二次的自然であり、そこに先人たちが農林業の営みを通じて生物多様性を高め、生物たちの生産力を最大限に引き上げてきた自然の管理モデルを見ることができる、と言います。それを踏まえて、この戦略の基本理念においても、「将来に向け、私たちはこの先人たちの知恵や技術を学んでいかなければなりません。さらに、くらしを通して地域の生物多様性を理解しながら、その恵みを守り利用してきた女性の役割に注目し、女性の積極的な参加を促します。その上で、人間だけでなく、あらゆる生物たちが互いに生命（いのち）を支えあう生物多様性豊かな活力ある地域づくりを目指します」と、未来志向で教育と食、農林漁業を結び付けた取り組みの必要性を掲げています。

その一方で、再生プロセスにおいて2つの地域に現時点での到達点の違いがあるとすれば、第Ⅰ章で提示した2つの条件に対する向き合い方の違いを反映しているかもしれません。

条件の1つ目は、〈SDGsの理念の共有〉でした。「誰ひとり取り残されない社会の実現」に向けて、世代間の相互理解、分野間の接続、農村と都市の地域間の共生を図る補助線として、SDGsが大きな役割を担うことになるのではないか、という点でした。

この点では、いすみ市の方が時間をかけながら、先に示したようなライフスタイルや生物多様性を軸にして、里山里海保全、小商い、ローカル起業へとカバーする領域を広げながら、地元住民も移住者も、Uターン者も分け隔てなく一緒になって活動を展開できるまでに、この理念の共有が各方面で進んでいる印象を受けます。また、ここでは商工会が随所に登場しながら、まちの経営者として、イノベーションマインドを地域の内外や世代間で継承しようとする点も大きな力を生んでいるように感じます。

そうだとすれば、五城目町は、「世界一こどもが育つまち」という理念を地域の中で共有する途上にあるかもしれません。鎌倉から五城目に移住し、BABAME BASEの入居した竹内健二さんは、ドチャベンジャーズの代表理事を務めつつ、中小企業の組織づくりを支援しています。竹内さんから見て、地元の中小企業の経営者は崇高な理念を抱き、未来に対する投資の必要性を感じながらも、規模が小さいために余力がなく、後継者も今の事業に魅力を感じていないケースが多いといいます。企業にとって、時代の転換期には選択肢を増やし、次の世代に新しいチャレンジをしてもらった方が、魅力を高めるイノベーションに通じる。その点から、竹内さんが今、一緒に動いている相手は、リスクを取って、何かをやろうと志を持って行動する地元企業の社長だそうです。

また、カフェを始めた坂谷さんも、朝市通りでの物件探しには、これまで商売をやってきた70~80歳代は、自分のお店を改装されたくない、という思いが強くて難航したと話します。また、お店も地元の人たちからは敷居が高い印象を持たれていて、SNSに〝#同級生が来ない〟と自虐的に発信するくらい地元の同世代の動きは鈍く、自分ごととして参加する地元の人は10年前からあまり増えていないのでは、と話します。よそ者によるドチャベンから、地元民とともに育むドチャベンへの展開には、この辺りに大きな壁がありそうです。

そして条件の2つ目にあたるのが〈社会インフラの革新〉でした。ICTやエネルギー、モビリティ分野において、Society 5・0に体現される技術革新が進んで、小規模分散でコミュニティを単位に新たな価値が創出できるか、という点です。

ものづくり中心の小商いの機運が高まりつつある五城目町では、最後に紹介した漆畑宗介さんによるコミュニティドクターの取り組みに次の糸口があるかもしれません。まだソフト面での活動ですが、このような医療や福祉分野の取り組みにICT技術が実装されれば、より機動力を持って住民の暮らしを支える場面も具体的に見えてきそうです。

いすみ市でも、小商いやローカル起業、ツーリズムといった多彩なテーマでの動きが相互にリンクして、薪ネットワーク、竹炭研究会、有機米といったエネルギーや資源循環に関する市民発の活動にも発展の余地が大きそうです。

2　農村発イノベーションに求められる姿勢

このように2つの地域のプロセスを読み解いてみると、「農村発イノベーション」という発想を取り入れることで、田園回帰の動きから生まれてきた継業やなりわいづくり、筆者も捉えた「なりわい就農」といった「点」としての動きを、地域の様々な分野やテーマに視野を広げて、地域内外の主体が相互に関わり合う「空間軸」で捉え直すとともに、世代をつなぐ「時間軸」を織り込めることが分かってきました。

それは、人口減少のように、今日の農村が直面している大きな課題の解決を目指そうとすると閉塞感が漂う中で、取り組みは最初から予定調和的に進む訳ではないし、利害関係者（ステークホルダー）が同じテーブルに座れば、自ずと議論が進んで結論が出る訳でもありません。

その中では、自分ごとを起点としてやってみたいことから一歩踏み出す場づくりが大事になっているのでしょう。五城目町のドチャベン、いすみ市の市民活動助成やローカル起業、商工会の新規事業創造委員会は、いずれもチャレンジできる場であり、周囲から応援してもらえる環境が立ち上がっていることが共通します。

五城目町、いすみ市の現場の動きを紹介する中で、名前が挙がっている人びとや組織は、それぞれ派手さはないものの、様々な主体のつなぎ役となっていたことも大事な要点でしょう。そこに行政職員も、黒子となってサポートに入っていた点も見逃せません。特に、いすみ市では、地域住民や経営者、移住者、市役所職員など様々な主体の間で、共感を相互交換できる機会が豊富にあり、立場を問わず有志でチームを組んで混然一体と動いている場面が、ヒアリング中にも随所に語られていました。その下地を作った人物として、本書に登場した人たちから度々語られたのが、早川卓也さんの存在です。早川さんは、２０１５年から4年間にわたって国の総務省から地方創生人材支援制度を通して、いすみ市役所に出向し、最後は副市長を務めた後、総務省に戻られています。筆者は残念ながら早川さんとはお目にかかれていませんが、よそ者の視点からいすみ市の魅力を積極的に掲げるとともに、市内で芽吹きつつあった様々な挑戦を後押ししたと聞いています(注15)。そうだとすれば、外部人材をうまく受け入れながら、多様な主体が関われるチームを生み出し、その中から共感の輪をどのように広げるかも、大事な要点のひとつと言えそうです。

農村社会学を専門とする秋津元輝さんは、農山村イノベーションは、技術志向型イノベーションではなく、システム・制度、それを支える思考のイノベーションだと指摘しています(注16)。また、地理学者の宮口侗廸さんも、地域づくりの考え方を「時代にふさわしい新しい価値を地域から内発的につくり出し、地域に上乗せしていく作業」と表現しています(注17)。

そうだとすれば、農村発イノベーションを、単なるものづくり、6次産業化の延長線上に位置づけるような発想に矮小化してしまうのは極めて残念なことです。むしろ、農村を生産の場と生活の場が一体となった二次的自然の空間と捉えれば、その切り口は多面的であり、その価値を地域内外の主体が、世代が混ざり合って地域全体で継承し、積み重ねていくプロセスこそが、農村発イノベーションの本質だということでしょう。

「農村発イノベーション」のねらいどころが現場からこのように読み解けるとすれば、本書の冒頭で触れた食料・農業・農村基本計画が、産業政策と地域政策を「車の両輪」として推進することを目指す中で、農村発イノベーションは、しごとづくりのみならず、くらしや活力づくりも含めた農村政策全体の軸となる考え方であり、まさに両輪をつなぐ「車軸」に位置づくものと言えそうです。

そうだとすれば、基本計画そのものに推進力を与えるものとして「農村発イノベーション」を捉え直し、本書で描いてきたように、現場の動きを空間軸と時間軸の広がりから丁寧に捉え、分析を深めていく作業がこの先も求められます。それとともに、農村政策で「地域政策の総合化」を目指す農村政策の3つの柱にあたるしごとづくり、暮らし、活力づくりについて、各々の施策が担う要点を確認する作業も欠かせません。

本書は、2020年から始まった日本協同組合連携機構（JCA）の「農山村の持続的発展研究会」を締めくくるにあたり、農山村で実践される地域づくりについて、これからのあり方を展望した入口の一冊に位置づきます。本ブックレットに続いて出版予定の『新しい農村政策――その可能性と課題』では、先に掲げた農村政策の各論について、さらに議論をつないでいきます。併せてご一読頂ければ幸いです。

（注15）いすみ市の皆さんと早川卓也さんとの関わりは、神山典士『トカイナカに生きる』文藝春秋、2022年、147～157頁、に詳述されています。

（注16）秋津元輝「重層化する農山村社会のイノベーション――「脱成長」に向けた社会編成原理の転換」『季刊農業と経済』2022年夏号（特集『若者と創る農山村イノベーション』）、英明企画、2022年。

（注17）宮口侗廸『新・地域を活かす』原書房、2007年。

【著者略歴】

図司 直也［ずし なおや］

〔略歴〕 法政大学現代福祉学部教授。1975年、愛媛県生まれ。
東京大学大学院農学生命科学研究科博士課程単位取得退学。博士（農学）

〔主要著書〕
『新しい地域をつくる』岩波書店（2022年）共著、『プロセス重視の地方創生』筑波書房（2019年）共著、『就村からなりわい就農へ』筑波書房（2019年）単著、『内発的農村発展論』農林統計出版（2018年）共著、『田園回帰の過去・現在・未来』農山漁村文化協会（2016年）共著、『人口減少時代の地域づくり読本』公職研（2015年）共著他。

「農山村の持続的発展研究会」について

（一社）日本協同組合連携機構（JCA）では、「農山村の新しい形研究会」（2013～2015年度）および「都市・農村共生社会創造研究会」（2016～2019年度）（いずれも・座長・小田切徳美（明治大学教授））を引き継ぐ形で、「農山村の持続的発展」をテーマに、そのために欠かせない経済（6次産業、交流産業）、社会（地域コミュニティ、福祉等）、環境（循環型社会、景観等）など、多方面からのアプローチによる調査研究を行う「農山村の持続的発展研究会」（2020～2022年度）を立ち上げ、研究を進めてきた。メンバーは小田切徳美（座長〈代表〉／明治大学教授）、図司直也（副代表／法政大学教授）、筒井一伸（副代表／鳥取大学教授）、山浦陽一（大分大学准教授）、野田岳仁（法政大学准教授）、東根ちよ（大阪公立大学准教授）、小林みずき（信州大学助教）。研究成果は、『JCA研究ブックレット』シリーズの出版、WEB版『JCA研究REPORT』の発行、シンポジウムの開催等により幅広い層に情報発信を行っている。

JCA研究ブックレットNo.34

「農村発イノベーション」を現場から読み解く

2023年8月30日　第1版第1刷発行

著　者 ◆ 図司 直也
発行人 ◆ 鶴見 治彦
発行所 ◆ 筑波書房
東京都新宿区神楽坂2-16-5　〒162-0825
☎03-3267-8599
郵便振替 00150-3-39715
http://www.tsukuba-shobo.co.jp

定価は表紙に表示してあります。
印刷・製本＝平河工業社
ISBN978-4-8119-0657-7 C0061